木上花开
Flowers on Mind

策划·视觉

谁知盘中餐，粒粒皆辛苦。

『十三五』国家重点出版物出版规划项目

农事三车

中国古代重大科技创新

中国科学院自然科学史研究所 总策划

陈朴 孙显斌 主编

史晓雷 著

湖南科学技术出版社

图书在版编目（ＣＩＰ）数据

农事三车 / 史晓雷著． — 长沙：湖南科学技术出版社，2020.11
（中国古代重大科技创新 / 陈朴，孙显斌主编）
  ISBN 978-7-5710-0530-6

Ⅰ．①农…　Ⅱ．①史…　Ⅲ．①农业机械—农业史—中国—古代
Ⅳ．① S22-092

中国版本图书馆CIP 数据核字（2020）第 047952 号

中国古代重大科技创新

NONGSHI SAN CHE

农事三车

著　　者：史晓雷

责任编辑：李文瑶　林澧波

出版发行：湖南科学技术出版社

社　　址：长沙市湘雅路276号

　　　　　http://www.hnstp.com

印　　刷：雅昌文化（集团）有限公司

　　　　　（印装质量问题请直接与本厂联系）

厂　　址：深圳市南山区深云路19号

邮　　编：518053

版　　次：2020年11月第1版

印　　次：2020年11月第1次印刷

开　　本：787mm×1092mm　1/16

印　　张：6.75

字　　数：60千字

书　　号：ISBN 978-7-5710-0530-6

定　　价：40.00元

中国有着五千年悠久的历史文化，中华民族在世界科技创新的历史上曾经有过辉煌的成就。习近平主席在给第22届国际历史科学大会的贺信中称："历史研究是一切社会科学的基础，承担着'究天人之际，通古今之变'的使命。世界的今天是从世界的昨天发展而来的。今天世界遇到的很多事情可以在历史上找到影子，历史上发生的很多事情也可以作为今天的镜鉴。"文化是一个民族和国家赖以生存和发展的基础。党的十九大报告提出："文化是一个国家、一个民族的灵魂。文化兴国运兴，文化强民族强。"历史和现实都证明，中华民族有着强大的创造力和适应性。而在当下，只有推动传统文化的创造性转化和创新性发展，才能使传统文化得到更好的传承和发展，使中华文化走向新的辉煌。

创新驱动发展的关键是科技创新，科技创新既要占据世界科技前沿，又要服务国家社会，推动人类文明的发展。中国的"四大发明"因其对世界历史进程产生过重要影响而备受世人关注。

但"四大发明"这一源自西方学者的提法,虽有经典意义,却有其特定的背景,远不足以展现中华文明的技术文明的全貌与特色。那么中国古代到底有哪些重要科技发明创造呢?在科技创新受到全社会重视的今天,也成为公众关注的问题。

科技史学科为公众理解科学、技术、经济、社会与文化的发展提供了独特的视角。近几十年来,中国科技史的研究也有了长足的进步。2013 年 8 月,中国科学院自然科学史研究所成立"中国古代重要科技发明创造"研究组,邀请所内外专家梳理科技史和考古学等学科的研究成果,系统考察我国的古代科技发明创造。研究组基于突出原创性、反映古代科技发展的先进水平和对世界文明有重要影响三项原则,经过持续的集体调研,推选出"中国古代重要科技发明创造 88 项",大致分为科学发现与创造、技术发明、工程成就三类。本套丛书即以此项研究成果为基础,具有很强的系统性和权威性。

了解中国古代有哪些重要科技发明创造,让公众知晓其背后的文化和科技内涵,是我们树立文化自信的重要方面。优秀的传统文化能"增强做中国人的骨气和底气",是我们深厚的文化软实力,是我们文化发展的母体,积淀着中华民族最深沉的精神追求,能为"两个一百年"奋斗目标和中华民族伟大复兴奠定坚实的文化根基。以此为指导编写的本套丛书,通过阐释科技文物、图像中的科技文化内涵,利用生动的案例故事讲解科技创新，展现出先人创造和综合利用科学技术的非凡能力，力图揭示科学技术的历史、本质和发展规律，认知科学技术与社会、政治、经济、文化等的复杂关系。

另一方面，我们认为科学传播不应该只传播科学知识，还应该传播科学思想和科学文化，弘扬科学精神。当今创新驱动发展的浪潮，也给科学传播提出了新的挑战：如何让公众深层次地理解科学技术？科技创新的故事不能仅局限在对真理的不懈追求，还应有历史、有温度，更要蕴含审美价值，有情感的升华和感染，生动有趣，娓娓道来。让中国古代科技创新的故事走向读者，让大众理解科技创新，这就是本套丛书的编写初衷。

全套书分为"丰衣足食·中国耕织""天工开物·中国制造""构筑华夏·中国营造""格物致知·中国知识""悬壶济世·中国医药"五大板块，系统展示我国在天文、数学、农业、医学、冶铸、水利、建筑、交通等方面的成就和科技史研究的新成果。

中国古代科技有着辉煌的成就，但在近代却落后了。西方在近代科学诞生后，重大科学发现、技术发明不断涌现，而中国的科技水平不仅远不及欧美科技发达国家，与邻近的日本相比也有相当大的差距，这是需要正视的事实。"重视历史、研究历史、借鉴历史，可以给人类带来很多了解昨天、把握今天、开创明天的智慧。所以说，历史是人类最好的老师。"我们一方面要认识中国的科技文化传统，增强文化认同感和自信心；另一方面也要接受世界文明的优秀成果，更新或转化我们的文化，使现代科技在中国扎根并得到发展。从历史的长时段发展趋势看，中国科学技术的发展已进入加速发展期，当今科技的发展态势令人振奋。希望本套丛书的出版，能够传播科技知识、弘扬科学精神、助力科学文化建设与科技创新，为深入实施创新驱动发展战略、建设创新型国家、增强国家软实力，为中华民族的伟大复兴牢筑全民科学素养之基尽微薄之力。

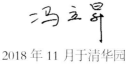

2018 年 11 月于清华园

　　我国几乎每一位孩童都会咏诵唐代诗人李绅的《悯农》："锄禾日当午，汗滴禾下土。谁知盘中餐，粒粒皆辛苦。" 我小时候常跟随祖父劳作于乡间，故能深深体会到该诗书其境、状其情之真切。

　　我国自古以农立国，因此积淀的农业文明厚重、博大。在构成农业文明的众多组成部分中，农事器具占有非常突出的地位，因为某种先进器具的发明，往往能迅速改变某一地区农业生产的面貌，从而成为这一地区、这一使用时段先进生产力的代表，汉代中原地区发明的柜形风扇车以及唐代长三角地区创制的曲辕犁就是典型代表。这本书就是以农事器具的视角来审视、考察我国古代农业文明史的一个尝试，不求一览无余，但求管中窥豹。

　　那么为什么选翻车、水碓和风扇车这三种农事器具来谈呢？

首先，这三种器具发明时间早，在古代农业生产中发挥了重要作用。它们均发明于距今约 2000 年的汉代，并且一直被沿用至今。其次，它们分别对应了不同的劳作场景，翻车用于灌溉，水碓用于脱粒或舂粉，风扇车用于清选。最后，也是最重要的一个原因是它们在机械结构上有共性，即同属于"车"。什么意思呢？就是说它们同属于轮轴机械。无论何种翻车，对灌溉部分而言，前后各一轮一轴，中间还有链传动；水碓的立式水轮就是一轮轴；风扇车的生风部分也是一轮轴。这些看似简单的机械，在世界机械发展史上却占有一席之地，英国研究中国科技史的专家李约瑟（Joseph Needham）在《中国科学技术史》中关注到了它们并给予了高度评价。翻车是世界上最早采用链传动的机械，而且这种链传动比较特殊，因为链板在传动过程中同时做功——即链板转动的同时把水提上来。水碓是世界上最早利用立式水轮的机械之一。风扇车是世界上最早利用旋转生风的机械。总之，翻车、水碓和风扇车是古代非常重要的，且具有代表性的农事器具。

最后，我想再做一点澄清。在江南地区的小满节气前后，有动"三车"的农事安排。"小满动三车，忙得不知他"，说的就是这一农事安排。这里的"三车"指（缫）丝车、水车（翻车）和（榨）油车。这本书所言的"三车"与其不同，请在阅读时注意区分。

目录
CONTENTS

初识翻车 · CHUSHI FANCHE

翻车家族 · FANCHE JIAZU

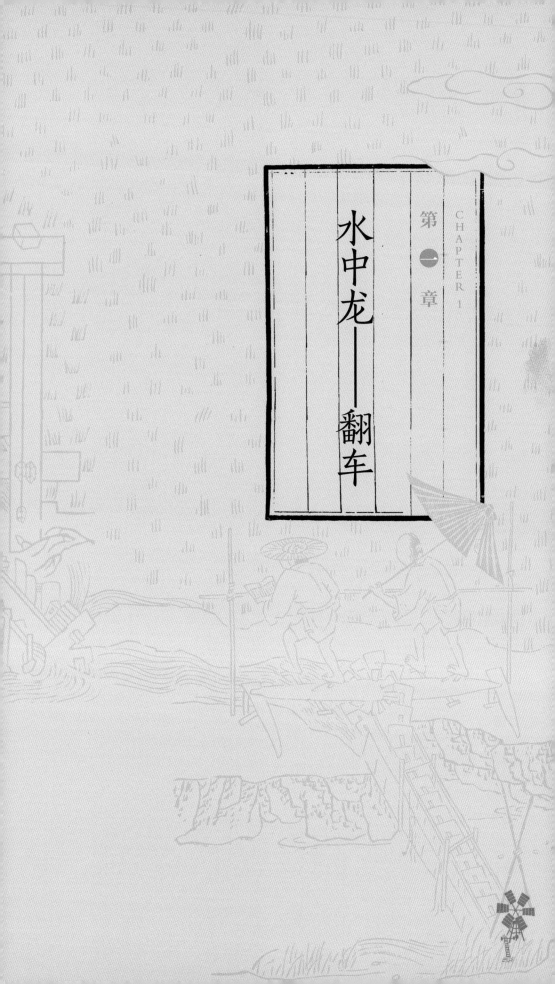

第一章 CHAPTER 1

水中龙——翻车

说到"翻车"，许多人以为是讲什么地方发生了什么交通事故，造成了"翻车"。不，不，可不是！此翻车非彼翻车，这里指的是我国古代的一种汲水农具——翻车，它是我国古代使用最广泛的汲水器具，所以有时直接被称之为"水车"，其实古代的水车有许多种，但翻车知名度最高

初识翻车

先说说翻车名字的由来，我们先看一幅图（图1-1-1）。这是台湾著名木刻版画家林智信在1953年创作的版画，题为"灌溉"，画面上头戴斗笠的两人正俯身在车架上脚踏翻车汲水。木质水槽的上端（踏轴上）和下端（水中，未绘出）各有一个竖齿轮，两者中间是木质链条连接起来的木质叶板，在脚踏作用下，叶板翻上翻下、循环往复，故称翻车。在所有类型的翻车中，脚踏翻车最常见。翻车另一个名字叫龙骨水车或龙骨车，原因有二：一方面在古老的神话传说中，龙是水的主宰；另一方面，长长的翻车斜依在岸边汲水，就像"龙吸水"，南宋诗人刘一止有诗曰"老龙下饮骨节瘦"，正是说的翻车。

图 1-1-1

灌溉

这幅版画（图1-1-2）摹刻自元代王祯《农书》，但做了一些改动，比如左侧农夫手中的书便是加上去的，表达了"耕作之余，勿忘读书"的心愿。

◀

图 1-1-2

徐光启《农政全书》翻车

接下来，我们谈一下翻车的身世，这种水车是何人何时在何地发明或创造的，这是必须交代的问题。可是说得粗了，不如不说；说得细了，容易纠缠不清，那我们就来一个折中的，做一个概述。

最早提到"翻车"的，有两条史料，时间是东汉末到三国。

第一条出自南朝范晔的《后汉书·张让传》：

原文 又使掖庭令毕岚铸铜人四，列于苍龙、玄武阙……又作翻车、渴乌，施于桥西，用洒南北郊路，以省百姓洒道之费。

译文 （汉灵帝）又委派掖（yè）庭令毕岚铸造四个铜人，分别陈列在苍龙、玄武阙两侧，……又让他制作翻车、渴乌，安设在桥西，用来给南北郊路洒水，从而节省了老百姓洒水的费用。

这里是说，汉灵帝委派当时的掖庭令毕岚制作了翻车、渴乌，安置在都城洛阳桥西。干什么用的呢？当时不是用于灌溉，而是为道路洒水，这样就不用折腾老百姓了。掖庭令是什么官职呢？掖庭，就是皇宫中妃嫔居住的地方，也是宫中犯妇接受劳动改造的场所，让她们养蚕缫丝或者做些女工等。掖庭令就是掌管掖庭的长官，一般由宦官担任。毕岚可不是一般的宦官，在汉灵帝时期与张让等并称为"十常侍"，算得上皇帝近臣，可谓权倾一时。但一个身居高位的宦官，怎么搞出水车的，这事还真说不好。这里的"作"，可以做创制、发明讲，也可做一般的制作讲。但由于这是我国迄今所知最早有关翻车的史料，所以后来人们直接把毕岚认作了翻车的发明者。

可能有的读者会问了，这里的"翻车"可以肯定就是后来汲水灌溉的翻车吗？这个也说不好，因为这条文献的信息太少了。但是由于其名相同，而且毕岚的翻车也与汲水有关，可能性还是比较大的。问题在于，"用洒南北郊路"似乎不会是直接用来洒水，因为这种水车提上来的水只能流到地面上或者引流到某个地方，不可能洒起来；更可能是引流到路旁，再把水舀到桶或盆里再洒。总之，这种水车到底是怎么洒水的，谁也说不清楚。无论如何，这是历史上第一条有关翻车的史料，年代是东汉末年。

第二条史料出自南朝刘宋时期的史学家裴松之为《三国志·杜夔[kuí]传》所写的注文（解释文字），其中引用了魏末晋初文学家傅玄的《马钧传》，原文照录：

居京师，都城内有地可以为园，患无水以灌，先生乃作翻车，令童儿转之，而灌水自覆，更入更出，其功百倍于常。

文字很通俗，不用再解释。值得指出的是，这是最早明确地把翻车与灌溉联系起来的史料，特别是"更入更出"形象描述了翻车叶板循环往复的状态，基本可以确定是后世的翻车。注意这里用的词也是"作翻车"。如果做"创制"理解的话，那么到底是毕岚还是马钧发明了翻车，这事还是说不清楚，因为完全可能是两人独自分别发明出来的。但毕竟毕岚年代在先，故发明的优先权还是毕岚占先，如果认为马钧是独立发明的，应该有足够的证据，可惜没有。还有人说，马钧是改进了毕岚的翻车，因为马钧的翻车可以让儿童转动，说明不是通常所见的脚踏翻车，而是手摇的翻车（手摇翻车长什么样，暂且不表）。这也有可能，较脚踏而言，手摇更轻便，更适合儿童一些，所以这里用了"转"字，而没用"踏"字。

《马钧传》开头就说：

马先生钧，字德衡，天下之名巧也。

可见马钧在当时是天下闻名的能工巧匠，除了翻车外，他还制作了指南车、水转百戏，改进了诸葛连弩、抛石机、织绫机等。如果生在当代，马钧一定是位杰出的技术革新能手、创新型人才！

好了，对翻车有了一点初步认识后，我们需要做一个小的总结了，尽管翻车的早期历史还有许多的"说不清"，但下面这条肯定靠谱：

东汉末的宦官毕岚、三国时的能工巧匠马钧是创制翻车的先驱。

所谓"翻车家族"，就是讲讲古代有哪些形式的翻车，或者说翻车的种类有哪些。根据驱动力的不同，古代的翻车可分为五种：最常见的脚踏翻车、轻便的手摇翻车——拔车、巧妙的牛转翻车、别具一格的风转翻车，还有一种极其罕见的水转翻车。

脚踏翻车

早期翻车的史料少，而且记载简略，很难考证到底是哪种翻车。不过，有一点可以确定的是，到了唐代，前三种翻车已经出现，这得感谢日本一本名为《类聚三代格》的文献。该书记载的是日本天长六年，对应到我国是唐文宗大和三年（829 年），推广水车时有一段话：

`原文` 传闻唐国之风，渠堰不便之处，多构水车。无水之地，以斯不失其利。……其以手转、足踏、服牛回等，各随便宜。

`译文` 听说中国有这样的风俗：在沟渠、坝堰不便建构的地方，往往架设水车，这样原本无水灌溉的土地可以获利。……这些水车用手转、脚踏或驾牛回转等方式，因地制宜用之。

这里明确提到手转、脚踏、服牛回三种翻车。所谓"服牛"就是驾驭牛的意思，《周易》有一句"服牛乘马，引重致远"就是这个意思，"服牛回"就是驾驭牛回转的意思。令人遗憾的是，在我国现存的史料中，除了前文提到的《马钧传》里马钧那条说的可能是手转翻车外，没有别的证据表明唐代或之前出现过手转、牛转翻车，倒是脚踏翻车的资料有一些，比如唐末五代时的和尚贯休有诗曰：

宁知耘田车水翁，日日日炙背欲裂。

"日日日炙背欲裂"只可能是脚踏翻车，因为劳作的时候很累、很热，往往要脱掉上衣光着膀子踩，会受到太阳的毒晒。下面这幅老照片（图1-2-1）是英国摄像师约翰·汤姆逊（John Thomson）于1870年在我国南方拍摄的，画面中有两具翻车，每三人踩一具，他们全部光着上身，十分辛苦。

图 1-2-1

汤姆逊拍摄的踩水车

到了宋代，写实画风盛行，小到虫草花鱼，大到亭台楼阁，无不得自然之数，几与造化争巧，不差毫末。最早的脚踏翻车与牛转翻车的形象，就出自宋画。

故宫博物院收藏有一幅南宋绘画《耕获图》（图 1-2-2），该画描绘了众多江南农事劳作的场景，耕田、耙田、插秧、灌溉、耘田、收割、脱粒、入仓等，纵横各 25 厘米左右的扇面上竟然绘有 78 个人物。其中灌溉的场景除了两人面对面拿着戽斗外，另有四人在脚踏翻车（图1-2-3）。

图 1-2-2

《耕获图》

图 1-2-3

《耕获图》局部·脚踏翻车

【故宫博物院藏】

南宋绘画《耕获图》，该画描绘了众多江南农事劳作的场景，耕田、耙田、插秧、灌溉、耘田、收割、脱粒、入仓等，纵横各25厘米左右的扇面上竟然绘有78个人物。其中灌溉的场景除了两人面对面拿着庠斗外，另有四人在脚踏翻车。

说到《耕获图》，不得不提在宋代名声更大的《耕织图》，这套图对后世影响很大，而且绘有脚踏翻车。最早的《耕织图》是南宋时于潜县令楼璹 [shú] 所绘，其动机正如楼璹的侄子楼钥所言：

原文 伯父时为临安于潜令，笃意民事，慨念农夫蚕妇之作苦，究访始末，为《耕》、《织》二图。《耕》，自浸种以至入仓，凡二十一事；《织》，自浴蚕以至剪帛，凡二十四事。事之为图，系以五言诗一章，章八句，农桑之务，曲尽情状。虽四方习俗，间有不同，其大略不外于此。

译文 伯父当时是临安府于潜县的县令，心系民间，体恤农夫、蚕妇的辛苦，调查、走访耕作、蚕桑的流程，完成了《耕》、《织》二图册。《耕》图，从水稻浸种一直绘到丰收入仓，共二十一幅；《织》图，从浸洗蚕子到裁剪丝帛，一共有二十四幅。每幅图配有五言诗一首，每首八句，关于农桑之事，描绘得非常贴切了。各地的农事习俗虽有不同，但大概就是这些了。

可见，楼璹是一位体恤民生的好县令。若生在当今，肯定是一位扶贫攻坚的模范干部。这些生动的农耕蚕桑场景是当时提倡发展农业的"教科书"，同时为我们研究宋代的农耕蚕桑技艺提供了珍贵的资料。自楼璹的《耕织图》之后，历朝历代各种摹本、绘本，层出不穷、蔚为壮观。

遗憾的是，楼璹本的《耕织图》现已不存，最接近其原貌的应是现在黑龙江省博物馆的南宋（宋高宗）吴皇后题注的《蚕织图》，该本只是楼璹本的《耕织图》中《织》图的摹本。但是我们仍可以肯定地说，楼璹本《耕织图》中描绘了脚踏翻车，原因有二：一是后世的《耕织图·灌溉》均绘有脚踏翻车；而且楼璹本《耕织图》中的五言诗全部留存下来，其中《灌溉》明确描写了脚踏翻车。下图是元代程棨本《耕织图·灌溉》，描绘的也是一具四人脚踏翻车，在车棚右侧支柱上另绘有一种农具——桔槔，是一种利用杠杆原理汲水的器具。画面右侧的五言诗正是楼璹本的原诗：

握苗鄙宋人，抱瓮惭蒙庄。

何如衔尾鸦，倒流竭池塘。

耰耙【bàyà】舞翠浪，籧篨【qúchú】生昼凉。

斜阳耿衰柳，笑歌闲女郎。

这首诗不但用了宋国农夫的"握苗助长"与《庄子》记载的"抱瓮出灌"的典故，还用了几个生僻词，故理解起来有点晦涩。笔者把它转成白话文：

握苗助长的宋国人实在浅陋，

抱瓮出灌的老人羞辱了庄周。

倒不如用便利的龙骨水车，

将池塘水从低处汲到田头。

稻苗舞动翠浪，

苇棚遮日生凉。

斜阳透过稀疏的柳叶，

劳作的山歌戏谑姑娘。

第二、第三句谈的便是脚踏翻车。那么为什么叫"衔尾鸦"呢?其实"衔尾鸦"是古代描述工作状态下翻车的一个常用比喻,在翻车运转时,水槽上方的刮水板在木链的带动下向下移动,就像乌鸦一个接一个飞动一样。北宋大文学家苏轼有一首诗《无锡道中赋水车》,首句"翻翻联联衔尾鸦,荦荦 [luò luò] 确确蜕骨蛇"也是这样描写翻车的。还有"倒流"说明翻车是从低处向高处汲水"竭涸"池塘。穇穑,也叫罢亚,指摇动的水稻。簟簇,是用苇或竹编的席子,这里是指车棚上的遮阳席。

综上,我们考证了南宋的一些绘画上出现了脚踏翻车的形象,比如《耕获图》(图1-2-4)和《耕织图》。

图 1-2-4

元代程棨本《耕获图》中的脚踏翻车

如果田岸较高，一部翻车够不着怎么办？

古代的劳动人民自有他们的智慧。如果田岸是在江河一侧，那么可以构建筒车。筒车是一种依靠水力冲击的自动汲水器具，比如著名的兰州大水车——筒车［图1-2-5（上）］，直径可以超过20米。如果仍用翻车，汲水的坡度不能太陡，否则踩起来会很吃力，影响效能，所以能达到的高度有限。如果河岸高的话，可以采用"接龙式"方案，即在岸边依次架设多部翻车，第一部翻车把水提到较高处的一个洼地中，然后第二部水车从洼地向上汲水，依次而升。照片中是5部水车（包含右下角一部）"接龙式"提水灌溉［图1-2-5（下）］。用这种方式，1958年贵州赫章县用了48部龙骨车，将河水提取到了69丈（合230米）高的山地上，创造了"龙接龙、水上天"的人间奇迹。

▶

图1-2-5

广西三江的筒车（上）

"接龙式"翻车灌溉（1941年）（下）

牛转翻车

接下来谈牛转翻车，它的最早形象也出现在南宋绘画中。

故宫博物院藏有一幅南宋绘画《柳阴云碓图》（图 1-2-6），曾经相传是南宋画家马逵的作品，作者是谁现有争议，但为南宋的作品没有疑议。画面上有三颗大柳树，故有"柳阴"，柳树下有一硕大的带齿木轮，木轮右侧与地轴左侧的小木齿轮啮合驱动右侧的翻车汲水。整部机械的动力来自大木轮左侧的一头牛，牛身后有一农夫在挥鞭驱使。

你可能有疑问了，柳荫下好端端的牛转翻车，怎么名字叫《柳阴云碓图》呢？其实这是因为古代有一些不谙农事者的讹传所致。"云碓"本来与另一种农具（后文会详细介绍）——水碓有关，是一种舂捣器，只不过它也可用于舂捣一种矿物药材云母，故也称"云碓"。白居易有诗"何处水边碓，夜舂云母声"，说的就是云碓。云碓和牛转翻车有什么关系吗？没有。最初这幅画的命名者不知道脑袋缺了哪根筋，莫名其妙地把它叫作《柳阴云碓图》。后来乾隆看到这幅图，诗兴大发。其实他随时都诗兴大发，一生竟然留下了 40000 多首诗（大多数不敢恭维）。在旁边写了一首诗：

柳阴结茅棚，运水更驱牛。

云碓舂艰食，农民乐登秋。

斯乐岂易得，祈年几许忧。

也许是乾隆被这幅图的名字误导了，也许乾隆真的以为古代可以把牛转翻车汲的水再用于冲击水碓（的水轮），总之乾隆把本来毫无关系的水碓和牛转翻车捆绑到了一起，一直误导到现在。其实这幅图真正应该称作"柳阴（牛转）翻车图"（见下页图 1-2-7）。

图 1-2-6

南宋《柳阴云碓图》

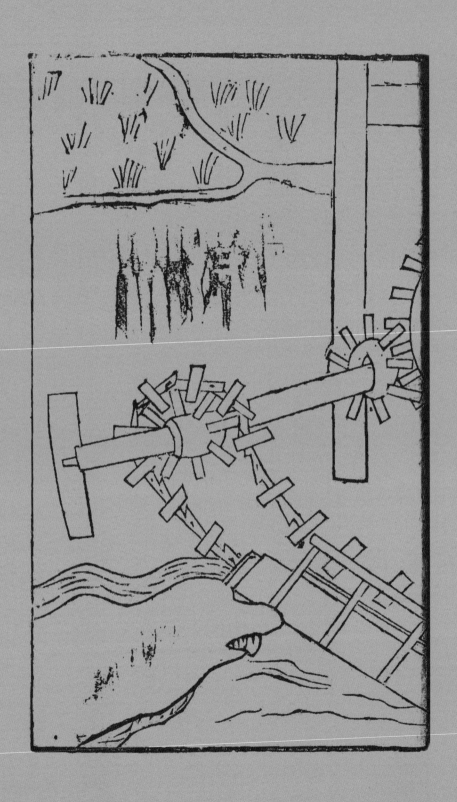

图 1-2-7

《天工开物》中的牛转翻车

拔车（手摇翻车）

下面谈手摇翻车，首次明确记载它并附有图像的是明末宋应星的《天工开物》。这本书可是了解我国古代技术的宝贝，尤其对于农业、手工业方面的技术，记载详实，更难能可贵的是附有许多插图。宋应星是江西南昌府奉新县人，1615年，29岁的他和胞兄宋应昇同中举人，兄弟二人打算乘势而上，不料先后五次北上，两人均名落孙山。对我们而言，历史上少了一位宋进士，却多了一本《天工开物》，善莫大焉！

在《天工开物·乃粒·水利》篇，宋应星谈到一种一人手摇的翻车——拔车（图1-2-8）：

原文 其浅池、小浍【kuài】不载长车者，则数尺之车一人两手疾转，竟日之功可灌二亩而已。

译文 若遇到浅水池、小水沟，长翻车则施展不开，可以用几尺长的拔车，一人用两手快速摇转，一天也不过灌溉二亩田而已。

可见拔车的特点是小巧、便利，没有一般的翻车长，一人就可以转动。当然，拔车也可以两人合作使用，两侧各站一人操作。这张老照片（图1-2-9）是美国摄影师施塔福（Francis Eugene Stafford）于辛亥革命前后在我国拍摄到的双人用拔车。

图 1-2-8

《天工开物·拔车》

图 1-2-9

双人用拔车

风转翻车

我国最早提及风转翻车的史料是南宋刘一止的《苕[tiáo]溪集》：

老龙下饮骨节瘦，饮水上沂声呷呀。初疑蹙【cù】踏动地轴，风轮共转相钩加。

这里前两句写的是翻车，后一句写明了这种翻车的动力不是最初所怀疑的"蹙踏"（即踩踏）地轴，而是依靠风轮。正因为如此，风转翻车也叫风车，又因为其形态比较大，故也称大风车。但无论是风车，还是大风车，都容易与小孩子玩的那种风车玩具相混淆，再加上央视的少儿节目《大风车》早已名声在外，故我们在此就叫它"风转翻车"。

风转翻车长什么样呢，先传一张老照片一睹为快。这是美国摄影家甘博（Sidney David Gamble）1920 年在我国天津塘沽拍到的风转翻车（图 1-2-10），那里有著名的海盐盐场，这种车是把海水汲入蒸发池的工具。民国时周庆云编纂的《盐法通志》便记载了这种风车：

风车者，借风力回转以为用也。车凡高二丈余，直径二丈六尺许，上安布帆八叶，以受八风。中贯木轴，附设平行齿轮。帆动轴转，激动平齿轮，与水车之竖齿轮相搏。则水车腹页周旋，引水而上。

对照甘博的照片，可以看到风车上的七叶帆（剩余一叶被遮挡），左侧能明显看到一具翻车。如果仔细看，在右侧也有一具，只显示了翻车上部的叶板。说明一架风车可以同时驱使两部翻车，这在《盐法通志》也有记载。

这种风车最大的特点是在利用风力运转的过程中，风帆具有自动调节功能。风帆升起后，若在顺风一侧，则会自动转向到与风向垂直，使所受风力最大；若在逆风一侧，则会自动转到与风向平行，使所受风力最小。民间有歌谣曰：

"大将军八面威风，小桄子随风转动。上戴帽子下立针，水旱两头任意动。"

▶

图 1-2-10

甘博拍摄的风转翻车

此歌谣形象地描述了大风车的特征：中间的立轴俗称"将军柱"，有八面帆叶，故称"大将军八面威风"；"小桄子随风转动"是指风帆的自动调节功能；"上戴帽子"指立轴顶部的铁环或铁碗，"下立针"指立轴下端的锥形铁轴，这样"将军柱"才能顺畅地转起来；最后一句指出其功用，抗旱、排涝都可以。

说到风转翻车，有一部老电影不得不提，这便是 1957 年由八一电影制片厂拍摄的《柳堡的故事》，苏北水乡柳堡的风车见证了新四军副班长李进与房东女儿二妹子的爱情故事，电影的插曲《九九艳阳天》几次出现了风车：

......

东风呀吹得那个风车转哪

蚕豆花儿香啊麦苗儿鲜

风车呀风车那个咿呀呀地唱哪

小哥哥为什么呀不开言

......

风车呀跟着那个东风转哪

哥哥惦记着呀小英莲

风向呀不定那个车难转哪

决心没有下呀怎么开言

......

这首歌曾竞相传唱，红遍大江南北，作词者可能并不知道，风向不定车不一定难转，因为风帆是可以自动调节方向的。其实这部电影出现了两种风转翻车，一种是前文提到的这种，"将军柱"是竖立起来的，故称立轴式（大）风车；还有一种轴是斜卧形态的，故称卧轴式风车。后者比较少见，这里有图片（图 1-2-11）呈现，不多介绍了。

图 1-2-11

卧轴式风车 · 范大荣绘

车前谁思小英莲，白水欢腾灌稻田。
记忆林中风景点，年年转得囤儿圆。

（单国顺 配诗）

水转翻车

最后一种翻车叫"水转翻车"，这种翻车最初在元代王祯《农书》中有记载，但后世现实中极少使用，怎么回事呢？

观察王祯《农书》中的图（图1-2-12），画面上通过左边的激流冲击卧轮，卧轮通过齿轮系统再带动翻车。从机械原理上，应该行得通。可在现实中呢，如果真能找到左侧那样的激流，要么可以直接开沟引到稻田中，要么可以架构一筒车，汲水而上，更为便捷。

当然，王祯还提到一种立式的水转翻车，即把图中的卧轮改作立轮，其余机械结构大致相同，但这会面临同样的问题，即性价比太低、成本太高，所以后世从未见到有记载这种水车的，即使有也是沿袭王祯的话。

王祯写《农书》时，正担任（今安徽）旌德县县尹，据史料记载他惠爱有为、口碑载道，其中一项便是推广先进农具、躬身示范，有一些是他南北宦游所见的确高效的农具，一些可能是他自己满腔热情的空想设计，"水转翻车"疑似是后者。但无论如何，王祯的良苦用心应当铭记。

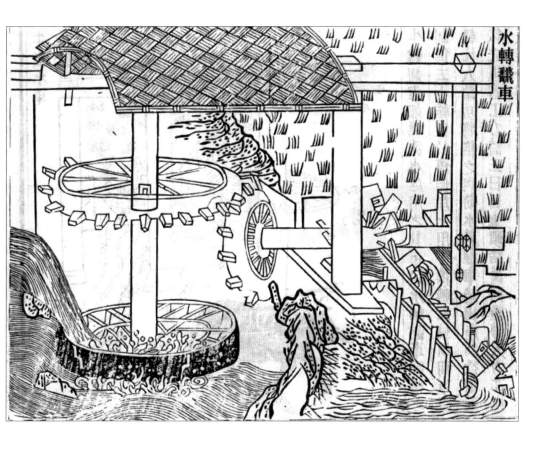

图 1-2-12

王祯《农书》中的"水转翻车"

初识水碓 · CHUSHI SHUIDUI

水碓家族 · SHUIDUI JIAZU

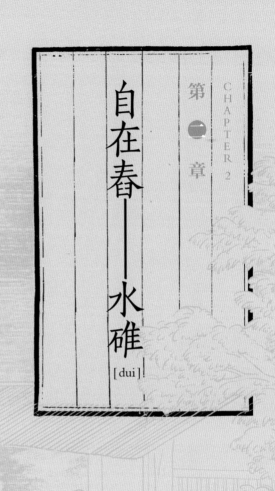

第一章
CHAPTER 2

自在春——水碓
[dui]

这一部分我们来聊"农事三车"中的第二类——水碓。为什么它也算"车"呢？原因很简单，我国古代凡是带有轮形机构的机械都可以称为"××车"，比如独轮车、纺车、钓车、缫丝车等。水碓是一种利用水力做功、（绝大多数）依靠立式水轮驱动的舂捣机械，故也可叫水碓车，简称水碓。

为什么这里说"绝大多数"，难道还有不依靠水轮驱动的水碓？是的，我国古代有一种水碓并不依靠水轮，只依靠水流就可以工作，它叫槽碓或勺碓，只是它使用得比较少而已。所有的水碓都不需要人力，舂捣起来闲适自然，故本节命名为"自在舂"。

欲识水碓，先说人力碓，也即踏碓。而踏碓又与杵臼有沿承关系，所以需要追溯到杵臼。杵臼是一套器具，杵用于上下舂捣，臼是凹形的承接物。河南安阳殷墟妇好墓出土的玉杵臼（图 2-1-1），臼高 23.2 厘米，口面直径 29.5 厘米，杵长 28 厘米，粗径 7 厘米，它应该是捣药用具。《周易·系辞》说：

原文 神农氏没，黄帝尧舜氏作，……断木为杵，掘地为臼。杵臼之利，万民以济。

译文 神农死了之后，黄帝、尧、舜兴起，……折断木头作为杵，在地上挖坑作为臼。杵臼的便利，老百姓得以受益。

这里把杵臼的发明追溯到黄帝、尧、舜，其实杵臼的发明还要早得多，新石器时代早期已有杵臼，比如广西桂林甑皮岩遗址曾出土几件石杵，年代距今 1 万年左右。到了新石器时代晚期，比如河姆渡遗址时，发现杵臼的运用已比较普及。

图 2-1-1

殷墟妇好墓出土的玉杵臼

杵臼靠手操作，力量偏弱，后来便发明了利用杠杆原理的踏碓。汉代时期，踏碓已经非常普遍，墓葬明器中经常能看到它的身影，当然，一般是模型器件。比如河南灵宝出土的这件东汉晚期的灰陶作坊（图2-1-2），左边是两具踏碓，右边是一磨，说明当时粮食加工已经配套作业，左边的碓可以脱壳，右边的磨进行磨粉。类似的或更复杂的作坊在汉代非常多，后面我们还会提到。

　　晚清用踏碓舂米的场景（图2-1-3）。

图 2-1-2

东汉晚期的陶作坊（灵宝出土）

椿米

J'espère que janqu va mieux.
Beaucoup de baisers de Papa

◀

图 2-1-3

晚清明信片：《舂米》

为了增加下舂的力量，在碓头上再绑缚一块方石。

在古代，更省力的办法就是水碓了。水碓长什么样呢？先看一张照片（图 2-1-4），这是安徽黄山呈坎村一处旧水碓。右侧是一比较宽的立式水轮，左侧可以看到有两个碓头，碓头的下方各对应一石臼。需要加工的作物，比如待脱壳的水稻，或待粉碎的糯米，放入石臼中，流水冲击水轮，水轮横轴上的拨板在转动过程中会周期性地击打碓杆末梢，这样碓头便会一上一下地工作。如果是多个碓头的话，它们不会同步起落，而是错落有致，为什么呢？如果多个碓头同步的话，对水轮横轴的强度有一定要求，如果间错开，有利于保护水碓，延长使用寿命。

元代王祯有诗曰："水轮翻转无朝暮，舂杵低昂间后先"，就是水碓工作的真实写照。

图 2-1-4

黄山呈坎村水碓

　　槽碓（图 2-1-5）或勺碓也是利用水力，但结构很简单，形态上大致与踏碓相同，只是碓杆末梢做得大一点，可以挖一个槽子出来，方形或圆形均可。然后，利用山溪的流水或者设法引水落到槽内，由于重力作用，当槽内水满时末端下倾、碓头抬起，水溢出后，碓头落下，完成春捣。由于其造价低，又省人力，故也叫懒碓。

图 2-1-5

王祯《农书》中的槽碓

水碓家族

连机碓

连机碓是指带有多个碓头的水碓。王祯《农书》记载：

原文 今人造作，水轮轮轴可长数尺，列贯横木，相交如滚枪之制。水激轮转，则轴间横木，间打所排碓梢，一起一落舂之，即连机碓也。

译文 如今的做法是，立式水轮的轮轴有几尺长，轮轴上贯穿一些横板（拨板），这些横板角度交错，就像滚枪一样。流水冲击立轮，立轮转动，横轴上的拨板间歇击打各个碓尾，这样碓头便一起一落舂捣，这就是"连机碓"。

为什么要进行"间打"的道理，前文已经提及，此处不重复介绍。那么"连机碓"和"水碓"到底什么关系？其实在古代，除了槽碓外的水碓，几乎没有一个碓头的，都是一部水轮带动多个碓头，因为好不容易架设一水碓，设置一个碓头有点浪费，或者说性价比太低，所以大致可以说，自水碓发明之初，就是设计成多个碓头的，即连机碓的形式（图2-2-1）。简单说，除了槽碓，古代的水碓都是连机碓。下面就这个略作考证，这也是笔者近些年研究的一点心得。

我国历史上最早明确提到连机碓的是西晋傅畅的《晋诸公赞》，该书是为西晋时王公贵族写的传记，其中提到"杜预元凯作连机水碓，由是洛下谷米丰贱。"杜预，字元凯，西晋名将，在平定东吴、完成国家统一大业中立下汗马功劳，因其博学多才，就像武器库一样无所不能，故又被称为"杜武库"。杜预制作了连机碓，结果使得都城洛阳的粮价都降低了，原因是这种加工机械太高效了，使得洛阳的米面成品供过于求了。过去往往把连机碓的发明权归到杜预头上，现在看来恐怕不妥。怎么回事呢？

　　原来在杜预之前，已有水碓的记载，而且有证据表明当时的水碓就是连机碓。

　　东汉桓谭《新论》在谈及杵臼、踏碓后有一句：

原文 又复设机关，用驴、骡、牛、马及役水而舂，其利乃且百倍。

译文　又设置机械传动机构，用驴、骡、牛、马或水力作原动力进行杵舂，可以获得百倍的效力

　　这里怎么使用"驴、骡、牛、马"通过"机关"舂捣，学界存有争议，但役水而舂毫无疑问是水碓。那么怎么证明就是连机碓呢？可以从两则汉代的文物资料中找到答案。

图 2-2-1

水碓粉碎瓷石

取自 18 世纪晚期一套反映景德镇制瓷的外销画。

几年前，笔者在中国农业博物馆参观，突然一件汉代的陶作坊吸引了我。这件陶作坊是明器模型（图2-2-2）。所谓"明器"，也叫冥器，就是陪葬品。作坊一侧的外墙上有一轮形物，笔者当即判断应该是一水轮，然后再看光线并不充足的作坊内部右侧，可以看到四个碓头。一下子豁然开朗了，这是东汉时期水碓作坊模型，而且是连机碓，太珍贵了！博物馆的展示牌上只写着：绿釉陶作坊。太可惜了，这件文物完全可以作为该馆的镇馆之宝。

▶

图 2-2-2

中国农业博物馆藏东汉绿釉陶作坊

▶

图 2-2-3

香港文化博物馆藏绿釉舂米坊模型·视角一

无独有偶，也是几年前的一天，笔者在网上浏览一些博物馆的图片时，发现香港文化博物馆藏有一件东汉的绿釉舂米坊明器模型（图2-2-3）。这是东汉时期贵族庄园拥有的大型作坊的写照，院落内从左到右依次设置有碓、磨和风扇车（这本小书讲的"三车"中的第三车就是它，详见后文）。如果不仔细揣摩，你不会觉察到这件明器的奥妙。仔细观察发现，作坊后墙外的奇怪建筑处竟然有水闸，这又是一水碓作坊。你可能纳闷了，水轮在哪里呢？横轴又在哪里呢？遗憾地告诉你，它们都遗失了，但是这并不妨碍对这件器具的判断。

图 2-2-4

香港文化博物馆藏绿釉舂米坊模型·视角二

让我们换一个视角（图 2-2-4），从作坊的后侧平视，便会看到两处水闸（互相垂直）。右侧水闸的右方，可看到凹形的支座（A），该支座与作坊墙壁上的凹形缺口（B、C）在一条线上，说明这是水轮横轴放置处。AB 之间架设的正是立式水轮。当水碓作业时，右侧水闸打开，后方水闸关闭；反之，水轮停止转动。

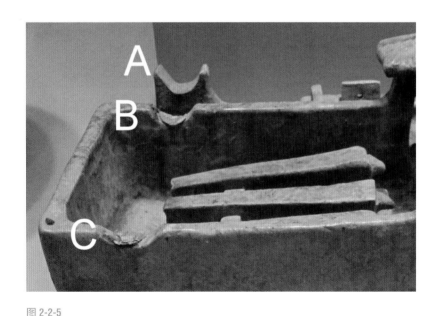

图 2-2-5

香港文化博物馆藏绿釉舂米坊模型·视角三

再换一个视角（图 2-2-5），在作坊正视图中，我们放大横轴放置的三个凹槽，会发现作坊前后墙上凹槽下均有粘连物，说明在烧制之前，横轴是粘上去的。只是后来横轴和水轮遗失了，只保留了粘连物。

考证了这么久，无非是想说明，这件作坊也是一水碓作坊，而且是三个碓头的连机碓。综上可以确凿地说，早在汉代我国已经出现了连机碓。

水碓磨

水碓磨，可以看作是前述"连机碓"的一种推广应用，它是利用同一部立式水轮驱动水碓和磨的机械，或者说是结合了水碓和水磨的复合机械。

我国最早的水碓磨史料与一位杰出的科学家有关，这位科学家与圆周率也有关，估计你已经猜到了，他就是祖冲之。你可能觉得奇怪，数学家祖冲之怎么也搞起机械发明了。这有什么稀奇的，还记得前面谈到宦官毕岚还制造翻车呢。在古时候，人的职业身份不像现在这样明确，只要他有兴趣，有现实需求的情况，他可以轻松地"跨界"。

祖冲之的确是一位了不起的数学家，采用"割圆术"（就是不断倍增圆内接多边形的边数，使其逐渐接近圆，从而计算圆周长，进而推算圆周率 π 的方法），得出了 π 的两个近似分数，一个是误差大一点的约率，一个是误差小的密率，后者相当于 $3.1415926 < π < 3.1415927$。密率的精确度，一直保持了 900 多年的记录，直到 15 世纪才被阿拉伯的数学家阿尔·卡西（Al-Kashi）超越。祖冲之在天文历法方面也卓有建树，编制了《大明历》，首次把岁差引入历法，得到了回归年的长度为 364.2428 日。

除了这些，祖冲之对机械也有浓厚的兴趣，指南车、木牛流马、千里船、欹 [qī] 器等，有的不一定是他的创制，可能是失传后重新发明的，我们这里只谈水碓磨。据《南齐书·祖冲之传》记载：

（祖冲之）于乐游苑造水碓磨，世祖亲自临视。

当时祖冲之在南朝宋做官，这里的"世祖"是指宋孝武帝刘骏；乐游苑是当时刘宋王朝都城建康（今南京）的一处皇家游乐场所。祖冲之利用那里的水流建造水碓磨，我们推测应该是为皇室所建，就是当时皇家的大型米面加工场所，否则世祖怎么会兴师动众地前去查看呢。

那么水碓磨到底长什么样子呢？就图像资料而言，最早描绘水碓磨的是山西繁峙岩山寺壁画《水碓磨坊图》（图2-2-6）。这是一幅金代壁画，由"御前承应画匠"王逵等人绘于金大定七年（1167年）。

图 2-2-6

岩山寺壁画《水碓磨坊图》

　　我们来看看这部"水碓磨"系统的结构，中间有一立式无辋水轮（所谓无辋，就是只有叶片，没有一周围成一圈的木框），左侧是连机碓部分，有两个碓头，右侧通过一正交齿轮驱动上方的磨盘。

难能可贵的是，壁画非常写实，比如磨盘上方悬挂的粮斗，磨盘上放置的撮斗、推粮板和扫帚等一一呈现，特别是磨盘加工的结构也非常到位，即上磨盘是悬吊在屋梁上固定，下磨盘由水轮驱动。这种形式的水磨过去在我国北方地区，尤其是太行山以西地区比较普遍。

水碓磨系统并无固定的模式，村民一般会因地制宜而建。这是安徽绩溪县家朋乡和阳村的水碓磨（图2-2-7），至今仍在使用。其结构是水轮在最右侧，中间置两个碓头，左侧通过齿轮驱动磨。这里磨加工的形式不同于《水碓磨坊图》中所描绘的，横轴上的立齿轮直接与套在上磨盘的卧齿轮啮合，从而使上磨盘转动。

还有更高级的形式，就是水碓不但与磨加工结合，还可以增加别的。比如《天工开物》中记载，在水碓磨系统基础上，另加引水灌溉功能，或许是指再驱动一部翻车吧。另据安徽旌德的老匠人说，过去当地有立式水轮同时驱动碓、砻和磨加工的。这些统统算是水碓磨系统地扩展应用了，它们极大提高了劳作的效率，但这种复杂的系统对立式水轮的强度以及水流的冲击力均有较高要求。

◄

图 2-2-7

绩溪和阳村水碓磨

槽碓的结构比较简单，可见前文的图示，这里介绍它创制的时间。若从文字资料上，很难判断早期一些的水碓究竟是一般的连机碓还是槽碓。比如唐代岑参《题山寺僧房》"野炉风自爇[ruò]，山碓水能舂"；白居易《寻郭道士不遇》"药炉有火丹应伏，云碓无人水自舂。"这里的水碓很难判定是哪一种，不过笔者研究到了宋代有了转机。

宋代大诗人杨万里有一首诗《明发西馆晨炊蔼冈》，写得饶有玄趣，让人捉摸不透。

也知水碓妙神通，长听舂声不见人。若要十分无漏逗，莫将戽斗镇随身。

前一句不用解释，后一句估计看不明白，没关系，看下杨万里的原注：

宣歙就田水设碓，非若江溪转以车辐，故碓尾大于身，凿以盛水，水满则尾重而俯，杵乃起而舂。

很明显，杨万里这里谈的是槽碓。这首诗的玄趣就在后一句，因为读者很难准确理解杨万里的真实意思。农史研究专家曾雄生研究员认为，这里讲的是槽碓的制造方法，因为戽斗一面虚口，无法蓄水，水槽若做成戽斗状，显然不合要求。这种戽斗如下图（图2-2-8），一人手持柄，可将水从低处扬到高处。当然，有时也可用于捕鱼。但这种解释也有问题，首先是把"漏逗"解释作了漏水，其次"镇随身"无法解释。

图 2-2-8

戽【hù】斗

　　在宋代，"漏逗"一般出现在禅宗典籍中，是指禅师通过言辞说教启迪学人。杨万里深受佛教影响，在其诗中往往渗透有禅学思想。这里的"漏逗"应是泄露（机密、机关）的意思。那么泄露什么呢？前一句有"妙神通"，是说槽碓的巧妙。在加上戽斗的形态非常像槽碓，故诗的后一句似可以理解为：若要严守槽碓的"机密"，千万不要经常随身带着戽斗（因为戽斗无疑可以起到提示的作用）。"镇随身"就是常常随着携带的意思。

▶

图 2-2-9

《苗族生活图》（部分）

水犵狫在餘慶鎮遂施秉耆處善捕魚雖隆冬亦能入淵故名水犵狫男子衣限皂莫人司市人衣田留裙莆呂苗谷至醫烟棗蟄其帔莫人同

这是清代《苗族生活图》（图2-2-9）描绘戽斗的场景：右边的女子捕鱼归来，手里拎着两条鱼，还背着一个鱼罩。中间站一对夫妇，其中妇女正往鱼笼中看。左边一男子似要去捕鱼，腰系一鱼笼外，肩上扛的便是一戽斗。在长杆的一端捆系两根木条，便可撑起三角状的渔网，用它便可在河流或池塘中戽鱼。你看戽斗的形状，不正像槽碓嘛。

槽碓制造成本较低，利用溪流、泉水，又不费人力，很适合小农家庭。明代《正字通》记载：

原文 山居者剡【yǎn】木为勺，承涧流为水碓。水满勺，碓首仰起，就臼自春。迟疾小异，功倍杵春。俗谓之勺碓。

译文 在山林中生活的人把长木的一头凿削成勺状，承接山间流水制成水碓。水充满勺时，碓头仰起，然后落下自动完成杵春。速度快慢略有差异，但效率要高于人力数倍。通常称之为勺碓。

槽碓一直沿用到现代，云南、贵州一些少数民族地区还能看到它们的身影。

船碓

　　船碓是一种很巧妙的水碓，它把碓设置在船上，然后在船两侧架设两个立式水轮，其余机构如同在陆地上。说到船碓，不得不提船磨，因为船碓的机械原理来自船磨，发明又晚于船磨，极可能是受了船磨的影响而发明的。

　　先发一张船磨的老照片认识一下（图 2-2-10），其实船碓的外形与之一样，只是内部结构更简单些，因为后者不需要齿轮结构。

图 2-2-10

安徽徽水河上的船磨

早在唐代已有船磨的记载，开元二十五年（737 年）《水部式》便提到船磨：

原文 从中桥以下洛水内及城外，在侧不得造浮硙【wèi】及捺【nà】堰。

译文 在中桥以下的洛水上，无论城内外，在两侧不得建造船磨和拦水堰坝

硙，就是磨的意思；浮硙，顾名思义就是"浮在"水上的石磨，当然是依靠船而浮在水上。《水部式》是唐代中央政府分配、利用水资源的管理法规，这里是命令在洛阳中桥以下的洛水两侧，不得修建水磨和堰坝。怎么回事呢？你看上图就能明白了，修建水磨为了拦水必须修两侧的堰坝，河道上这样的堰坝多了，一是妨碍航运，二是影响农田灌溉取水。故中央政府明令禁止了这种谋小利而乱大局的行为。

元代王祯《农书》首次记载了船磨的结构：

原文 复有两船相傍，上立四楹，以茅竹为屋，各置一磨，用索缆于急水中流。船头仍斜插板木凑水，抛以铁爪，使不横斜。水激立轮，其轮轴通长，旁拨二磨，或遇泛涨，则迁之近岸。可许移借，施之他所，又为活法磨也。庶兴利者度而用之。

译文 （另有）两船并排，船上竖立四根柱子，用茅竹搭盖棚屋，每条船上放置一磨。用缆索把两船维系在激流中。船头再斜插木板逼水，抛下铁锚，使船只不被水冲致横斜。流水冲击两船中间的的立轮，轮轴向两侧通长伸到船内，（通过木齿轮）拨动两磨。若遇到河水泛涨，可以将船磨迁移到靠近岸边的地方。还可以移借到其他有水流的地方，这样便成了活动的磨。希望心系农事的地方长官酌情采用

与前述照片不同的是，这里的"两船相傍"就是把两条船并到一起，然后再在其上设置石磨，这样在激流中更加平稳。船磨的特点是不用像一般的水磨，担心河水泛溢。若发洪水，只需要把它移到岸边。平时还可以挪动到其他地方，所以有"活法磨"的美誉。其实船碓也完全一样。

从明代开始，陆续出现了船碓的记载。万历年间诗人吴兆有诗《偶书闽中风土十韵寄金陵知己》，其中有"舟中喧水碓，城上出人家。"明代王世懋 [mào] 有一次写福建顺昌的造纸作坊：

顺昌人作纸，家有水碓，至造舟急滩中，夹以双轮如飞，舂声在舟。

两人写的都是船碓，而且王世懋还写明了船碓的结构"夹以双轮如飞"，正如前面徽水河上那种船磨的样式。需要提出的是，王祯《农书》描写的船碓很可能是在两船中间有一立式水轮，而王世懋写的船碓是两侧各有一立式水轮，后者在后世流传更广。

明末《天工开物》提到了江西上饶一带船碓的造法：

原文 江南信郡，水碓之法巧绝。盖水碓所愁者，埋臼之地卑则洪潦为患，高则承流不及。信郡造法，即以一舟为地，橛【jué】桩维之。筑土舟中，陷臼于其上。中流微堰石梁，而碓已造成，不烦琢【zhuó】木壅坡之力也。

译文 江西上饶地区，建造水碓的方法巧妙绝伦。建造水碓最烦之处是，碓臼若在低处往往有水涝之灾，若在高处又不便利用水流。上饶的做法是：把一条船作地面，打桩（用绳）将船维系住，船中堆上土，将臼埋在其中，然后在河流中部构筑小的堰坝、石梁，这样水碓就造好了，而不用费打桩、筑坡之力。

还记得前面提到的唐代《水部式》对船磨的禁令，船碓也有类似情况，请看清乾隆四十六年（1781 年）福建沙县出现的《禁船碓碑》：

原文 邑十里平流，水声沉寂，自古并无船碓拦河。迩来船碓一十八座，斩断平流，大伤县脉，石庄（桩）石柜，暗埋河内，致往来官民粮货等船，多受惨害。又自船碓一设，勾通奸贩，囤积高抬，无所不至。……饬差协保，将所有船碓悉行押拆，仍还邑志原无船碓拦河之旧。

译文 沙县有十里平缓的水流，自古都没有船碓阻碍河道。近来兴建起 18 座船碓，斩断缓流、破坏水脉。拦河使用的石桩、石条，隐匿在河道，导致往来官民的粮船、货船等深受其害。此外自设船碓以来，碓坊主与奸商勾通，囤积哄抬物价，无恶不作。……命令地方治安人员将所有船碓拆除，以恢复县邑过去无船碓拦河的平静。

可见，当时船碓多了之后，不但影响了粮船货运，还造成了米面囤积、哄抬物价，这还了得，官府只好下令将所有船碓拆除完事。可见先进的技术未必会在社会上畅通无阻，还需要看社会的"生态环境"。

初识风扇车 · CHUSHI FENGSHANCHE

风扇车家族 · FENGSHANCHE JIAZU

第三章　CHAPTER 3

虎啸谷——风扇车

本书讲"农事三车"，"风扇车"是最后一个，"出场"的次序是按照农事生产劳作的顺序。翻车用于灌溉，水碓用于舂捣脱壳，风扇车用于清选。这里需要注意的是，不要把风转翻车与风扇车弄混了，这两者的确都可以简称为"风车"，但无论是机械原理还是用途，都差得很远。两者的共同点都是利用风力作业，但风源却不相同，前者利用的是自然风，后者是通过机械装置人力生风。常言道，"虎啸而风生，龙腾而云起"，风扇车鼓起风来，真有"虎啸谷"的声势呢，何况还真有一种风扇车就叫"虎头风扇车"。

初识风扇车

　　先看看风扇车长什么样子吧。这是明末《天工开物》所绘的风扇车（图3-1-1），画面上有两人，右侧男子侧挑着舂好的稻谷过来，左侧男子右手摇风扇车负责清选，左手在粮斗下方调节机关，以控制倾泻的速度，重的谷粒落在脚边的箩筐里，轻的糠秕被风吹到左侧。

▶

图 3-1-1

《天工开物》描绘的风扇车

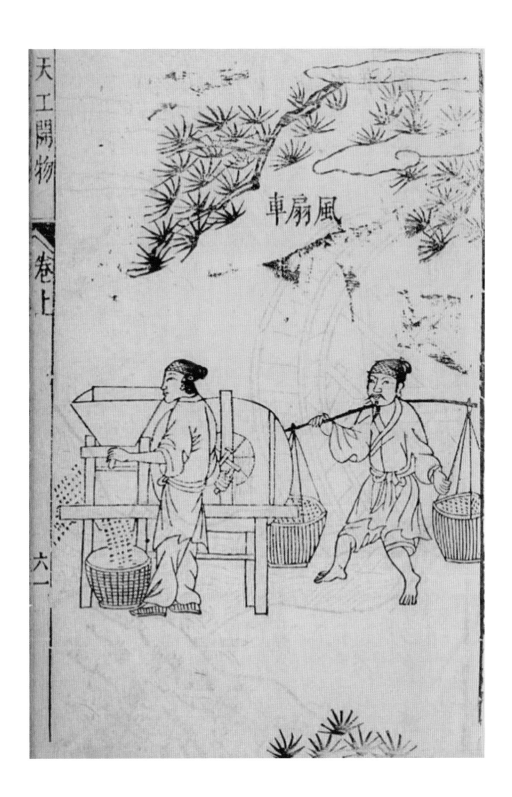

風扇車

2017 年底，中央电视台推出一档名为《国家宝藏》的节目，每期节目总会有一个场景介绍当期国宝的"前世今生"。这里我们来介绍风扇车的"前世今生"。如今在我国南方地区许多农村仍使用的风扇车与《天工开物》记载的大致相同，这算是风扇车的"今生"了，那么它的"前世"究竟如何？这个话题可就长了。

人类利用自然风力的历史很漫长，在农事劳作中延续到今天的有扬场。记得小时候家乡河北涉县的麦收、秋收时节，家家户户都要扬场。只是笔者那时年纪尚小，只能做些辅助的工作，扬场的主要是爷爷、父亲和叔叔，他们头戴草帽、手持木杴 [xiān]，感觉到有风了，便用杴扬起脱粒后的麦子抛到空中，在自然风的作用下，麦壳和尘土碎屑被吹到远处，近处落下的便是麦粒。一晃大约30年的光景过去了，儿时的记忆还历历在目。这是嘉峪关魏晋五号墓出土的扬场彩绘砖（图 3-1-2），可见与现在不同的是，这位男子用的是四股权，而不是木杴。画面的生活气息很足，还有三只鸡在旁边觅食。

嘉峪关魏晋五号墓扬场图

图 3-1-3

成都博物馆藏东汉扬扇俑

　　风扇车发明于汉代，在谈它之前，先谈它的"兄弟"——扬扇。扬扇和风扇车都是利用人力产生风的工具，不过扬扇要简单些。它长什么样子呢，先看看图片中这对陶俑吧（图3-1-3）。

这是成都博物馆藏的一对东汉陶俑，它们的形态基本一致，右腿前伸，左腿后蹬，双手持一器物，此器物就是扬扇。巴蜀地区出土过一些这样的陶俑，一些考古发掘报告对它有过误判，有说是铡刀的，有说是筛子的，还有说是盛装东西的。全不对，它就是人力生风用于清选的扬扇。你可能问了，凭什么说它是扬扇呢？这里有考古证据。

这是国家博物馆收藏的一件四川彭县（现彭州市）出土的舂米画像砖（图3-1-4），干栏式房屋的前面有四人劳作，左侧两人无疑是在舂米，右侧两人是一起在清选作业。右二一人正双手持扬扇上部用力扇风，右一一人肩上扛的稻谷正向下倾泻。这块画像砖生动表现了当时舂米、清选的场景，对扬扇的判定也极有说服力。

▶

图 3-1-4

国家博物馆藏舂米图画像砖

【四川彭县出土】

奇怪的是，扬扇在汉代之后消失得无影无踪，至今没有充分的解释，一个可能的因素是汉代出现了一种效率比较高的清选机械——风扇车。

根据考古出土的明器模型，汉代的风扇车大致可分为两类。

一种是河南济源泗涧沟出土的西汉晚期的梯形风扇车（图 3-1-5），考古发掘报告称：

米碓和风车设置在一个长方形地板上。左设米碓，右置风车，碓白为圆口环底地窝，窝内放有上方下圆的白杵，杵上部装柄，柄中部按在碓架上，柱杵架上方装扶手支架。碓架后部有一蹲姿陶俑，双手扶架正在舂米。出土时，米碓原有的支架，杵柄与扶手等构件均已腐朽。扇车外形，为梯形风箱，风箱上中部有方形漏斗，斗槛下有窄缝启门，启门的左右两端各有一个很小的启门轴孔，启门下的正面有方形出米口，在出米口的右侧正面上方挖一圆形风口，在风口的对面中心处有一安装风扇的曲轴孔。风扇与曲轴已腐朽无存。在风扇口后部塑一立俑，双手前伸作摇风车姿势。在槛的左侧为斜坡形空箱，这是盛谷糠的地方，车箱外壁满绘菱形方格纹。

图 3-1-5

济源泗涧沟出土的西汉陶风扇车明器模型

另一种是河南洛阳东关出土的柜形陶风扇车（图 3-1-6），据考古发掘报告称：

风扇车上部有一个装卸粮食用的方形漏斗高栏，栏的两侧各有两个斜腿，便于装卸粮食和固定高栏位置。风箱为长方形，左端两壁上作有圆形曲轴孔，但未发现风扇（已遗失）。风车正面的中间下部，有一长方形出粮口，近方形启门的孔甚大。风箱穴尾没有挡板，是灰尘糠秕的出口。

与济源泗涧沟出土的风扇车一样，东关出土的风扇车也是与踏碓在一起。左端为一外方内圆的臼窝，臼置其中，杵上安有长杠杆，杆的右端被架在杵架上。架上有壁，以便捣舂的人依靠。

图 3-1-6

洛阳东关出土的陶风扇车

第二种柜形风扇车出土较多。比如济源西窑头村汉墓出土的风扇车（图3-1-7），只是盛装粮食的高槛遗失了。还有中国农业博物馆收藏的一件汉代绿釉陶作坊模型（图3-1-8），作坊里有风扇车、踏碓和磨，说明当时脱壳、清选及磨粉加工已经流水线作业。风扇车上的高槛与洛阳的类似，只是不是独立存在的，而是与箱体一体。

图 3-1-7

济源西窑头村出土的汉代风扇车明器模型

图 3-1-8

中国农业博物馆藏汉代绿釉陶作坊模型

风扇车家族

汉代的梯形风扇车，后世并未流传。柜形风扇车一直沿用至今，但在明代发生了结构上的重大突破，出现了圆筒状的鼓风机构。同时在明代，出现了一种虎头风扇车，至今在山西、内蒙古等地仍有使用。

柜形风扇车

从出土情况看，风扇车在汉代已算常见，到了宋代成为重要的农具。梅尧臣、王安石曾和唱农具诗十五首，其中便有"扬扇"，这里我们只欣赏梅尧臣写的：

田扇非团扇，每来场圃见。因风吹糠粃【 hé 】，编竹破筠【 yún】箭。

任从高下手，不为暄寒变。去粗而得精，持之莫肯倦。

但不可思议的是，直到元代，风扇车在结构上较汉代并无多大的改进，这一点从元代王祯《农书》的插图（图 3-2-1）上可以看出来。

这幅插图看起来有点别扭，确实也误导过不少学术界的大佬。要看懂它，需要了解我国古代绘画的一种特殊技巧，就是在一幅图中，视角不固定，会根据需要变换，有人称这种画法为散点透视。

▶

图 3-2-1

王祯《农书》中的扬扇图

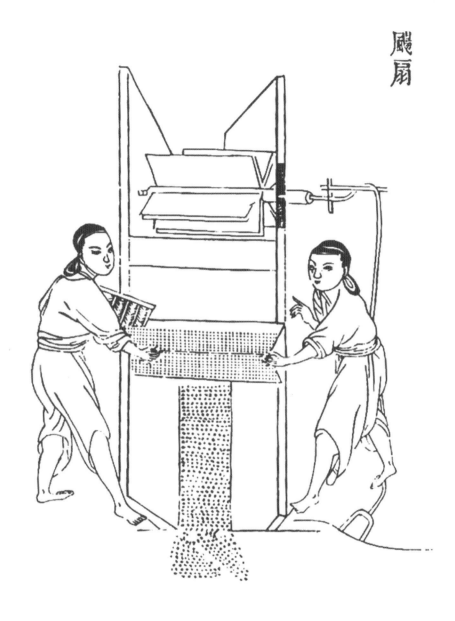

颺扇

这种技巧一直沿用到现在，目前保留在一些民俗作品中。比如这幅民间绘画"打场图"主体场景采用的是俯视图（图 3-2-2），谷场上摊开的豆作物以及木杈、木杈、簸箕等均是俯视的角度。但是场中间的男子以及拉石碾的驴是正视（平视）图，其中的石碾更特别，外边的方形框架采用了俯视图，但鼓形石碾又采用了抬高了一点视角的画法。

图 3-2-2

民间绘画"打场图"

由此可以说，元代的风扇车与汉代没什么差别。那么问题来了，像《天工开物》那种风扇车出现在何时呢？两者对比可以发现，后者最大的特点是出现了封闭型的圆筒状鼓风结构（泗涧沟出土的那种风车，鼓风处有角落，会有涡流，阻碍风叶旋转）。

图 3-2-3

《顾氏画谱》中的风扇车

图 3-2-4

清代《蛮苗图说》中的风扇车

这是加工稻米的场景。

前方左侧劳作者在牵砻（脱粒），中间劳作者用风扇车清选，右侧劳作者把稻米背到后方的粮仓中储存。

几年前的一天，笔者在翻看明代《顾氏画谱》时，发现其中收录有明代画家杜堇的一幅作品，表现的正是用风扇车清选的场景（图3-2-3）。可以清晰看到，风扇车已经采用了圆筒状鼓风结构。杜堇生卒年不详，但艺术活动时间主要在明成化、弘治年间，也即1465-1505年，因此可以说至晚于15世纪晚期，我国已经出现了这种结构的风扇车。

如今，这种附有圆筒状鼓风结构的柜形风扇车仍频繁地出现在农村的农忙时节。劳作中风扇车巨大的吼声，似在倾诉着农家的辛劳（图3-2-4、图3-2-5）。

图 3-2-5

台湾林智信油印木刻《农忙》

虎头风扇车

先说一则题外话，它很有趣并且与我们整本书有关系。出自苏联著名科普作家别莱利曼的《趣味物理学》，这是笔者非常喜欢的一本书，时不时拿起来翻一翻，每次都有所收获。他在讲到身体平衡时提到一个现象，人类为了保持身体平衡有时姿势会很难看。比如那些长时间生活在海上的船员，他们一到岸上走路就会很奇怪，总是大大地叉开双脚，这其实是生活习惯使然，因为只有这样他们在颠簸的甲板上才能保持身体平衡。

图 3-2-6

虎头风扇车（曲柄缺失）

为什么谈起这件趣闻呢，从船员长期的生活习惯想到这本书中大量对年代的考证，已经成了笔者的一个职业习惯了。笔者从攻读科技史博士学位到现在已经超过 10 年了，研究的东西多是我国古代的一些机械，每接触到一个新的研究对象，首要的问题是搞清楚它是什么时候出现的，或者何时被发明的。因此这本书中涉及到的所有器具，若不能给出具体的发明年代，也会给大家交代一个比较合理的推测年代。虎头风扇车也是如此。

虎头风扇车简称虎头扇车(图3-2-6)，这种叫法不知起源于何时，不过在清代道光、咸丰、同治三朝均受重用的山西寿阳人祁寯 [jùn]藻编写的农书《马首农言》中就称："寿邑扇车，大小二种，小者谓之米扇，大者谓之虎头。"至于为何叫虎头扇车，大概因为这种扇车从侧面看，很像虎啸的姿态吧。

虎头扇车出现于何时呢？很可能元代已经有了。王祯《农书》谈到"扬扇"时说，"复有立扇、卧扇之别。各带掉轴，或手转、足蹻，扇即随转。"

这里的"立扇"很可能就指虎头扇车。有人不同意，认为立扇可能是指前面汉代那种手持扬扇。这种说法站不住脚，因为明明说了"各带掉轴，或手转、足蹻"，说明两种扇车均有曲柄，而且均可以手转或者脚踏（驱动）。满足这种形态的立式扇车只能是虎头扇车了，至于为何称之为立式，因为较普通的扇车而言，虎头扇车高槛和出风口都比较高，有立起来的形态。

　　这里也聊聊虎头扇车运转的问题。有些读者可能对脚踏扇车不太了解，也有学者尝试做了复原，但与实际不符。脚踏扇车的传统至少被沿用到了民国年间，1920 年山西省省长阎锡山组织编纂的《山西农学农具图说》便有一幅脚踏扇车图（图 3-2-8）。地上置一踏板，踏板前端的木杆与曲柄上下垂的绳链相系，构成曲柄连杆机构。这是我国传统脚踏式机械最常用的机械方式，类似的还有脚踏缫丝车（图3-2-7）、脚踏轧棉机等。

图 3-2-7

程棨《耕织图·缫丝》

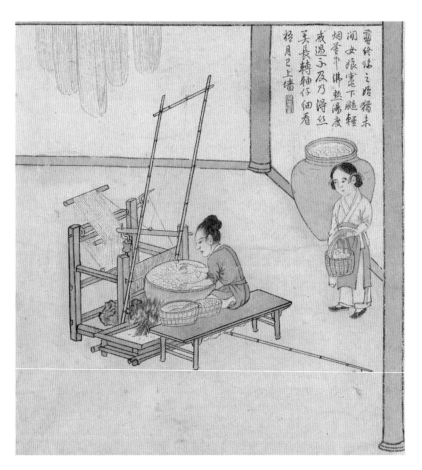

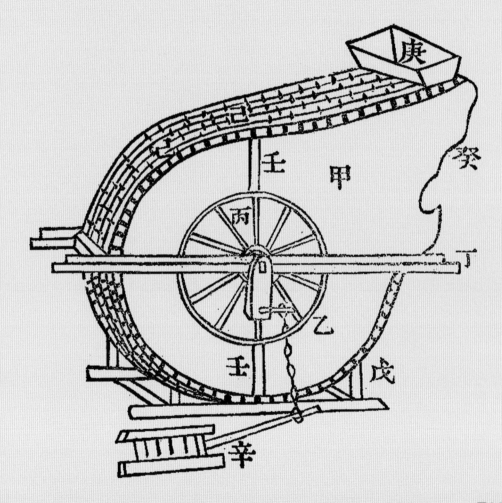

图 3-2-8

脚踏（虎头）扇车图

目前虎头扇车最早的图像资料出现在山西太原万柏林区王家庄村的居贤观（原名六郎庙）的壁画中，据屋脊题迹记载，该庙复修于明万历四十一年（1613年），这也是壁画的绘画时间。

墙体壁画上，有一幅《春耕秋收图》（图3-2-9），其中"麦收打场"图绘有一具虎头扇车。由于年代久远，加上保护不善，壁画有些模糊不清，但大致仍可分辨。

"麦收打场"场景一共有8人。以麦场中间的虎头扇车为界分左右两组，左侧3人，右侧5人。从壁画右下角已经处于闲置的石碌碡[liù zhóu]可推知，此时正处于脱粒之后簸扬的场景。左边3人中，最左侧一人在用木杈翻麦堆，右侧一人正用簸箕把脱粒后的麦子递给中间一人。中间一人负责再把簸箕递给站在扇车上的男子——从扇车上男子的姿势能看出来。同时，这位男子正用簸箕向扇车漏斗（在画中不易分辨）处倾倒脱粒后的麦籽与麦壳的混合物，前方被风吹撒的糠秕在壁画中清晰地呈现出来。在风扇车后方，一男子俯身正在摇曲柄（手摇处被筒状鼓风处遮挡）。摇车人的背后，站立着两位女子，左侧为一中年妇女，右侧是一老妪。中年妇女似乎是在等扇车上的男子空闲时接过她手中的簸箕，同时在与一旁老妪攀谈着什么。老妪正在用自己手中的簸箕利用自然风力进行扬场，地下的麦堆依稀可辨。在老妪身后，有一少女从门框中露出半身，似乎在观察整个扬场的进程。整幅画面劳作场景紧张、自然，非常逼真。

▶

图 3-2-9

太原居贤观壁画"麦收打场"图

另一件较早的虎头扇车形象出现在山西稷山县稷王庙，该庙献殿前檐栏板上雕有四幅农事场景，分别是犁田图、播种图、碾场图和扇车图。其中扇车图上雕刻的正是一虎头扇车（图3-2-10）。据《稷山县志》记载，这些木雕是在道光癸卯年（1843年）完成的。

这些农事木雕出现在稷王庙的栏板上，再合适不过，因为稷王庙是祭祀后稷的场所。后稷何许人也？相传后稷是尧舜时期的名臣，掌管农业、教民稼穑 [sè]，被后世尊为"农神"。由于山西南部是早期尧舜时期的核心地带，祭祀后稷的胜迹很多，稷山县就因县南稷王山而得名，该县稷王庙是全国规模最大、保存最完整的稷王庙。此外，晋南的万荣县、闻喜县和新绛县都有祭祀后稷的古迹。

再来看这块木雕，中部是一具硕大的虎头扇车，扇车右上方粮斗处部分残缺，左侧的鼓风者（似是父亲）弓步在摇动扇车的曲柄，中间的劳作者（似是母亲）站在凳子上双手持簸箕在从扇车出风口的上方向下倾倒粮食，右侧的劳作者（似是儿子）双手（有残缺）做持物状，尽管手中所持物已残缺，但脚下籽粒堆旁的木枚头部仍在，故可以断定是手持木枚翻动粮食。

山西太原居贤观以及稷山稷王庙的虎头扇车形象，加上《马首农言》中的记载，表明了山西地区是我国虎头扇车的重要起源地。这一使用虎头扇车的传统至今保存在山西的民歌中，比如有一首情歌《小曲儿好比豌豆酒，唱的唱的把小心心揪》，有几句是：

春风不刮河不开，

小曲曲不唱哥不来，

虎头扇车自来风，

唱曲曲是心上有情自然生，

小妹妹唱曲儿哥哥对，

哪一出出不是天仙配！

图 3-2-10

稷山稷王庙木雕"扇车"图

参考文献
Reference

[1] 周昕 . 中国农具通史 [M]. 济南：山东科学技术出版社，2010.

[2] 张柏春，张治中，冯立升，等 . 传统机械调查研究 [M]. 郑州：大象出版社，2006.

[3] 游修龄，曾雄生 . 中国稻作文化史 [M]. 上海：上海人民出版社，2010.

[4] 李约瑟 . 中国科学技术史第四卷物理学及相关技术第二分册机械工程 [M]. 鲍国宝，等译 . 北京：科学出版社，1999.

[5] 林智信 . 乡音刻痕——林智信版画展 [M]. 台北：台湾历史博物馆，2000.

[6] 汤姆逊 . 中国与中国人影像：约翰·汤姆逊记录的晚清帝国 [M]. 徐家宁，译 . 桂林：广西师范大学出版社，2015.

[7] 史晓雷 . 繁峙岩山寺壁画《水碓磨坊图》机械原理再探 [J]. 科学技术哲学研究，2010(6):67.

[8] 史晓雷 . 王祯《农书》中的"飏扇"新解 [J]. 中国农史，2011(3):27.

[9] 史晓雷 . 汉代"扬扇"考辨 [J]. 四川文物，2011(4):28.

[10] 史晓雷 . 山西稷山县稷王庙献殿农事木雕图像初探 [J]. 文物春秋，2012(6):80-90.

[11] 史晓雷 . 汉代水碓的考古学证据 [J]. 农业考古，2015(1):80.

[12] 史晓雷. 山西太原居贤观明代壁画中的风扇车 [J]. 文物世界，2015(3): 25−26.

[13] 史晓雷. 中国的船磨与船碓 [J]. 古今农业，2016(2): 27.

[14] 史晓雷. 对古代脚踏风扇车和水击面罗复原的商榷 [J]. 中国科技史杂志，2017(2): 21−22.

后记
Epilogue

　　读者朋友们，在文末这首朴实、率真的情歌声中，我们的"农事三车"之旅就要结束了。农者，天下之本也。我国古代有深厚的农业文明积淀，它们通过文本的记载、图画的描绘、匠人及力耕者的传承、器物的沿用等传承下来。当我们坐在电脑屏幕前小憩，或者手指飞奔于手机的间歇，回神遥想那些"不合时宜"或者有些粗鄙的农事生活，何曾想到那是先辈们曾经固守的心灵家园，从手足胼胝 [pián zhī] 到外卖快餐，从犁耕耧播到现代机械，时代的高铁已经载着我们一去不返，但这遥远记忆中的器具依然可以激荡起你心头的一丝漪涟，因为面对泥土的芬芳，有太多我们无法抗拒的留恋。